Außer dem vorliegenden Vortrag sind bereits erschienen:

1. Prof. Dr. **Karl Rathgen**, Deutschland, die Weltmächte und der Krieg. Preis 50 Pfennig.

2. Prof. Dr. **Wilhelm Dibelius**, England und Wir. Preis 50 Pfennig.

In Aussicht genommen sind vorläufig noch folgende Vorträge:

Geh. Reg.-Rat Prof. Dr. **Max Lenz**, Die neuen Problemstellungen für die deutsche Politik.

Prof. Dr. **Conrad Borchling**, Das belgische Problem.

Prof. Dr. **Friedrich Keutgen**, Britische Reichsprobleme und der Krieg.

Prof. Dr. **Karl Florenz**, Deutschland und Japan.

Prof. Dr. **Rudolf Tschudi**, Der Islam und der Krieg.

Prof. Dr. **Sten Konow**, Die indische Frage.

Prof. D. **Carl Meinhof**, Deutsche Erziehung.

Deutsche Vorträge Hamburgischer Professoren

3.

Otto Franke

Deutschland und England in Ostasien

16. Oktober 1914

Hamburg
L. Friederichsen & Co.
(Dr. L. u. R. Friederichsen)
1914

Preis 50 Pfennig

Der Reinertrag ist für die Hamburgische Kriegshilfe bestimmt

Als am 2. August in Berlin eine unabsehbare Menge zum Kriegsgottesdienst auf dem Platze zwischen Reichstagsgebäude und Bismarck-Denkmal zusammenströmte, da klang von den Lippen dieser Tausende der letzte Vers des niederländischen Dankgebets als einmütige flehende Bitte zum Himmel: „O Herr, mach uns frei!“ Es war ein tiefes Ahnen, das durch die Herzen ging, ein Ahnen dessen, worum wir kämpfen in diesem gewaltigsten und letzten Kriege, den wir Älteren erleben. Es geht um die Freiheit unseres Seins als Volk und als Staat. Nachdem wir uns vor hundert Jahren den Staat, ein halbes Jahrhundert später die nationale Einheit erstritten haben, müssen wir heute, abermals nach einem halben Jahrhundert, mit einer Welt von Feinden ringen um unser Wirken als Volk, um die Möglichkeiten unserer Weiterentwicklung, um unsere Geltung in der Welt. Man verbietet uns dieses Wirken, man versperrt uns die Möglichkeiten, man zerdrückt diese Geltung, weil wir unbequem geworden sind durch unsere Tüchtigkeit, unser Wissen, unseren Unternehmungsgeist, unsere Kraft. Ältere Nationen, die der Kampf um's Dasein weniger hart und lange angefaßt hat, haben, während wir daheim um unser nationales „Existenz-Minimum“ rangen, die Welt durchzogen, mühelos Reichtümer sammelnd, Länder und Völker in ungleichem Kampfe erobernd. Nun stören wir Neulinge die Verwöhnten in ihrem Tun und in ihrem Genuß. Die Leistungen unserer Wissenschaft und unserer Wirtschaft leuchten durch die Welt, die Völker jenseits der Meere blicken auf, und unsere Mitbewerber daheim machen die Erfahrung, daß sie ihre Kräfte weit schärfer anspannen müssen als bisher, wenn ihnen die Herrschaft nicht entgleiten soll. Dazu aber gesellt sich die bittere Erkenntnis, daß diese Kräfte anscheinend mehrfach stumpf geworden sind und dem jugendfrischen, schaffensfreudigen Volke der Deutschen nicht mehr überall gleichgespannt werden können. So ist es gekommen, daß wir von der wütenden Meute umstellt sind, die den Eindringling verjagen und unschädlich machen will.

Nicht unerwartet kommt uns das Schicksal. Seit mehr als einem

Jahrzehnt haben wir die Notwendigkeit heraufziehen sehen für einen Ausgleich zwischen den Ansprüchen unserer Gegner und den wahrlich bescheidenen Daseins=Forderungen unseres wachsenden Volkstums. Mit einer zuweilen an's Würdelose grenzenden Nachgiebigkeit und Geduld haben wir uns gemüht, den Ausgleich friedlich zu gestalten, wir haben nach dem Wohlwollen der Anderen mit einem Eifer gestrebt, der manchen von uns, besonders über See, zuweilen mit Bitterkeit und Unwillen erfüllt hat. Denn wer die wahre Natur unserer Feinde kannte, wer ihr politisches Glaubensbekenntnis richtig ermaß, der wußte, daß all das Mühen vergeblich war, daß jener Ausgleich nicht mit Liebesdiensten und Verständigungsfesten zu schaffen war, sondern nur mit Eisen und Blut. Wuchtig und ehern tönt uns heute das Prophetenwort des Schweizers Heinrich Leuthold, das er bald nach dem Kriege von 1870/71 dem siegreichen Deutschland zurief:

„Laß die Harfen tönen zu Siegesgesängen;
Aber halte mitten im Jubel Wache!
Unter Lorbeerzweigen und Myrtenreisern
Trage das Schlachtschwert!

Meine Mahnung wird erst der Enkel segnen,
Wenn er unverdrossen die Waffen wahrte,
Menschenalter hin, bis es ihm obliegt, im
Weltkrieg zu siegen.“ —

Wenigstens seit dem Anfang dieses Jahrhunderts, seit der gekrönte Hausierer von England durch die Länder zog, um für gute Bezahlung die Büttel zu werben, die das verhaßte Deutschland erwürgen sollten, eine Tat, für die sein eigenes Volk weder die Kraft, noch den Mut besaß: wenigstens seitdem war kein Zweifel mehr möglich über das, was uns bevorstand, kein Zweifel aber auch mehr darüber, wo die Hauptquelle zu suchen war für alle offenen und versteckten Widerstände, für alle Mißgunst, alles Übelwollen und allen Haß, denen wir auf Schritt und Tritt bei jedem Tun in aller Welt begegneten. England allein ist es gewesen, das überall da, wo noch ein halb verglommener Funke von Feindschaft gegen das Deutsche Reich zu vermuten war, sorgsam das Feuer schürte, da, wo ein argloses Friedensbedürfnis vorherrschte, die Saat des Mißtrauens ausstreute, und da, wo Zweifel bestanden, die Stimmung durch Zuwendungen aus fremdem Gute erkaufte, bis es schließlich, in unheilvoller Wechselwirkung, selbst hineingerissen wurde in den Strudel der zerstörenden Gewalten. Frankreichs fast abgestorbener Revanche-Fanatismus wurde seit Faschoda neu belebt, Marokko als Abschlag gezahlt; dem panslawistischen Größenwahn Rußlands wurde eingeredet, daß Deutschland allein seinen „legitimen" Bestrebungen auf dem Balkan und in Kleinasien im Wege stehe, die „freie Hand in Persien" half nach; Italien ward klar gemacht, daß nur das deutsche Bündnis mit Österreich die Durchsetzung seiner „geschichtlichen" Ansprüche auf das Trentino und an der Adria verhindere, Tripolis diente als Angebinde; die Türkei wurde vor den deutschen „Umtrieben" in Anatolien und vor der deutschen Unterstützung des alten Regimentes gewarnt; die Balkan-Staaten erfuhren, daß ihren „Befreiungs-Bestrebungen" reaktionäre Einflüsterungen Deutschlands in Konstantinopel zuwiderliefen; Amerika und den südamerikanischen Staaten ward bange gemacht mit deutschen Kolonial-Plänen in Brasilien und Argentinien; in Ost-Asien wurde Deutschland als der schlimmste Feind der „Integrität" und der „offenen Tür" Chinas hingestellt und damit zugleich als Gegner der japanischen Macht, der „der Schutz des Friedens im Fernen Osten anvertraut war", wie es jetzt so schön in den japanischen Erklärungen heißt. Es bedarf keines Scharfsinnes, um zu begreifen, welche Orgien bei dieser Politik die Lüge, die Verleumdung, die Zwischenträgerei spielen mußten. Aber John Bull war ein Virtuose in diesen Künsten, eine Erfahrung von mehr als einem Jahrhundert stand ihm zur Seite, er log mit eiserner Stirn heute das Gegenteil von dem, was er gestern mit einem Meineid bekräftigt hatte.

Es ist nicht etwa der Zorn des Augenblicks, der uns das Urteil trübt über Englands politischen Charakter, es sind die harten Tatsachen der Geschichte, jahrzehntelange Beobachtungen und Erfahrungen, die uns die Erkenntnis gebracht haben von dem Wesen des englischen Weltreiches, von den Grundlagen, auf denen es beruht, von den Mitteln, mit denen es erhalten wird. Was wir während der letzten beiden Monate erlebt haben, die Veranlassung, die England zum Kriege gegen uns getrieben hat, und zwar die vorgetäuschte sowohl, wie die wirkliche, die Art, wie es diesen Krieg führt, der Zweck, den es damit anstrebt, der erlogene nicht minder als der wahre, die Reden, mit denen seine verantwortlichen Staatsmänner die Ereignisse begleiten: alles das muß jetzt auch dem Blindesten in Deutschland die Augen darüber geöffnet haben, mit welcher Art von Gegner wir es zu tun haben.

Für den schärfer Blickenden haben allerdings diese Enthüllungen nichts Neues, nichts Überraschendes gebracht: wie sich England uns heute zeigt, war es von jeher, nur mit dem Unterschiede, daß es bisher die Maske trug, und daß es diese jetzt — vielleicht zu vorschnell! — hat fallen lassen. Englands politischer Methoden und Ziele im allgemeinen ist an dieser Stelle bereits wiederholt gedacht; vielleicht ist es nützlich, sie einmal an Einzel-Erscheinungen zu zeigen, und ich nehme dazu einen Ausschnitt aus dem Kreise seines weltumspannenden Wirkens, der an sich nicht bedeutungsvoller ist als andere Teile, wo deutsche und englische Bestrebungen zusammengetroffen sind, der mir aber am vertrautesten von allen ist, Ost-Asien.

Bis zum Jahre 1894 herrschte in Ost-Asien politisches Stilleben. England war die unbestrittene Vormacht in China, Japan und Korea, Amerika war uninteressiert, den europäischen Mächten lagen andere Erdteile näher, Japan war politisch unbekannt. Der japanisch-chinesische Krieg änderte das Bild mit einem Schlage. Man war in Europa sprachlos über die Kühnheit des japanischen homo novus. England und sein Mundstück, die Presse in Schanghai und Hongkong, waren zornerfüllt über den frechen Friedensstörer und sagten ihm unendliches Unheil voraus. Ihre Haltung wurde eine Zeitlang drohend, als der englische Konsul in Korea von japanischen Soldaten belästigt wurde. Unerwarteterweise gewann aber der japanische Zwerg sehr bald die Oberhand über den militärisch nahezu wehrlosen chinesischen Goliath, und England begriff, daß es die Kraft des ersteren fortan in seine Rechnung mit einstellen müsse. Die Presse erhielt den Befehl, abzuschwenken, und alsbald floß sie über von dem Ruhme Japans und der Verhöhnung Chinas. Der Einspruch nach dem Frieden von Schimonoseki brachte die englische Staatsweisheit in eine schwierige Lage. Deutschland, das mit vollem Recht annehmen mußte, mit der Festsetzung Japans auf dem asiatischen Festlande würde eine Quelle dauernder Beunruhigung geschaffen werden, bemühte sich eifrig, aber erfolglos, England zur Anteilnahme zu bewegen, schon deshalb, um gemeinsam mit ihm bei dem Vorgehen ein mäßigendes Element gegenüber etwa weiter gehenden Absichten Rußlands zu sein. England schwankte, ließ dann aber durch seinen Offiziosus in Schanghai erklären, es könne nicht Teilnehmer an einem Pakt sein, bei dem es nicht die führende Stellung habe. Die Ansichten über die Richtigkeit dieses Zurückhaltens waren in England lange geteilt, und Valentine

Chirol, der politische Redakteur der „Times" bezweifelte sie i. J. 1896 sehr stark, da diese Enthaltsamkeit „England die Stellung als arbiter gentium im Fernen Osten genommen habe, die es bisher innegehabt". In der Tat war während der nächsten Jahre Englands Ansehen in China derart, daß das führende Blatt in Schanghai erklärte, „es sei zur Zeit keine Ehre, ein Engländer zu sein." In dieser Not blieb ihm nichts anderes übrig, als sich an Deutschland anzuklammern. Rußland und Frankreich, die beide ihre weitausgreifenden Pläne im Norden und Süden Chinas verfolgten, fühlten sich aus naheliegenden Gründen durch Deutschland eingeengt, die chinesische Regierung aber war geneigt, ihr ganzes Vertrauen dem deutschen Freunde zuzuwenden und an ihm einen Halt zu suchen. Diese Dinge ließen es dem zeitweilig völlig ohnmächtigen England zweckmäßig erscheinen, sich der deutschen Dienste zu versichern. Das geschah durch die bekannten honigsüßen Reden von der Gemeinsamkeit der Interessen zwischen den beiden handelspolitisch stärksten Völkern usw., sowie durch Vermittlung der vorzüglich dressierten Londoner Bankiers bei ihren Berliner Freunden. Als i. J. 1895 und 1896 über die großen chinesischen Anleihen verhandelt wurde, die den Großmächten ihren politischen Einfluß sicher stellen sollten, hängte sich der englische Gesandte in seiner aussichtslosen Lage wie eine Klette an seinen deutschen Kollegen. In der Tat hat dann die deutsche Vertretung unter unsäglichen Schwierigkeiten eine Teilnahme Englands an den Anleihen durchgesetzt, nachdem sie das Odium dieser aufgenötigten Freundschaft wie eine schwere Kette durch die Verhandlungen geschleppt hatte. Die Dankesquittung erhielten wir Anfang 1903 (als König Eduard bereits am Werke war) durch jenen schmachvollen Artikel der „Times", doppelt schmachvoll, weil er nur mit Kenntnis amtlichen Materials geschrieben sein konnte, in dem Deutschland als Parasit der englischen Macht hingestellt wurde, der i. J. 1895/96 die englische Gutmütigkeit mißbraucht habe, um einen Anteil an den Anleihen zu ergattern, den es mit eigener Kraft zu bekommen nie hätte hoffen können.

Aber einstweilen, d. h. bis zum Ende des Jahrhunderts, war es für England noch nicht geraten, sich der deutschen Freundschaft zu entledigen. Es kam die Zeit, wo man sich in Europa den aus völliger Verkennung der Verhältnisse geborenen Vorstellungen von einer Teilung Chinas hingab. Entstanden ist dieser Gedanke — wie hier ausdrücklich festgestellt sei — in England. Eine englische Zeitung war es, die zuerst eine Karte brachte, auf der den verschiedenen Mächten ihre Anteile an den riesigen Gebieten zugewiesen waren — Albion hat ja eine ausgesprochene Neigung, Güter zu verteilen, die ihm nicht gehören. Daß etwa vier Fünftel des Ganzen dabei an England fielen, kann nicht überraschen. Tatsächlich hatte England i. J. 1898 das sogenannte Yangtse-Tal, d. h. das gewaltige Ländergebiet Mittel- und West-Chinas von der Küste bis an die Grenzen des bereits weggenommenen Birma und des noch wegzunehmenden Tibet, kurzer Hand zu seiner „Einfluß-Sphäre" erklärt. Dieses summarische Verfahren gründete sich auf eine Note des englischen Gesandten in Peking vom 9. Februar 1898 an die chinesische Regierung, worin eine Erklärung über die Nichtabtretung dieser Gebiete an eine „andere" Macht verlangt wurde. China erwiderte einigermaßen erstaunt, daß eine derartige Abtretung oder Überlassung an irgend eine andere Macht, England eingeschlossen, nie in Frage kommen könne. Dieses Messer ohne Klinge und Griff erschien aber dem famosen Lord Charles Beresford, der jetzt wieder durch seine blutrünstigen Reden glänzt, ein hinreichend starkes Instrument, um in der Parlamentssitzung vom 9. Juni 1899 damit neun von den achtzehn Provinzen Chinas abzutrennen und ihre sofortige militärische Besetzung zu empfehlen. Das ist ein Beispiel dafür, wie England sich „Interessen" schafft, die keine andere Nation verletzen darf. Für uns hat diese „Einfluß-Sphäre" denn auch insofern eine Bedeutung erhalten, als unsere wirtschaftlichen Unternehmungen in den reichen Provinzen dort immer auf englischen Widerstand stießen und mehr als einmal daran gescheitert sind. So war im Frühjahr 1898 die sehr wichtige Bahnlinie Schanghai-Sutschou-Nanking für Deutschland nahezu gesichert, als England dazwischen trat und drohend von der hilflosen chinesischen Regierung die Übertragung an eine englische Gesellschaft forderte. In Berlin faßte man das Ganze als einen Wettbewerb zweier Handelsgesellschaften auf und gab nach. Ähnlich ging es mit der wichtigen Eisenbahn-Linie Hankou-Kanton i. J. 1908. Mit England konnte die chinesische Regierung einen Vertrag nicht zu Stande bringen, und so traf sie statt dessen ein Abkommen mit einem deutschen Syndikat. Ein wütendes Geschrei in der englischen Presse über diesen Einbruch in die nebelhafte britische „Einfluß-Sphäre" war die Folge, und unter dem Druck dieses Lärms trat die deutsche Gesellschaft von dem Unternehmen zurück.

Im November 1897 erfolgte die Besetzung von Kiautschou durch Deutschland. Dieser Schritt war für uns eine Notwendigkeit und weder für China, noch für eine der europäischen Großmächte eine Überraschung. Schon i. J. 1896 war mit der chinesischen Regierung die Frage des Erwerbes eines deutschen Stützpunktes in Ostasien eingehend erörtert worden. Dabei war den Chinesen in voller Ehrlichkeit dargelegt worden, daß Rußland und Frankreich von ihren Besitzungen im Norden und Süden einen gewaltigen Macht- und Gebiet-Zuwachs anstrebten, daß England, Amerika und Japan ebenfalls über koloniale Besitzungen in oder nahe bei den chinesischen Gewässern verfügten, daß Deutschland allein ohne jeden territorialen Halt sei und allen fremden Plänen gegenüber hilflos dastehe. Wenn die chinesische Regierung die Machtmittel hätte, solchen Plänen, die deutsche wirtschaftliche Interessen jeder Zeit einengen oder erdrücken könnten, wirksam entgegenzutreten, so ließe sich dieser Zustand schließlich ertragen; da dies aber leider nicht der Fall sei, wie der Krieg mit Japan gezeigt habe, so sei die Erwerbung eines Stützpunktes, sei es durch Kauf oder Pacht, für Deutschland eine Lebensnotwendigkeit. Für China selbst würde dadurch die Möglichkeit eines besseren Ausgleichs der fremden Kräfte gegeben, eine Gefahr aber schon deshalb nicht geschaffen, weil kriegerische Eroberungen für Deutschland wegen seiner europäischen Lage ausgeschlossen seien. Die chinesische Regierung hat die Richtigkeit dieser Argumente nie bestritten, aber sie fügte ihren Erklärungen bezeichnenderweise hinzu, daß ihr eine freiwillige Zustimmung zu solchem Plane nicht angesonnen werden könne; auch das englische Hongkong sei ohne ihre Zustimmung erworben worden. England war längst von Deutschlands Absicht unterrichtet und konnte sie bei seinem damaligen Bedürfnis nach der deutschen Freundschaft nur billigen. Der schon erwähnte V. Chirol, der Vertrauensmann des Auswärtigen Amtes in London, schrieb zur Zeit der Verhandlungen in seinem Buche The Far Eastern Question: „Selbst wenn Dentschland den Erwerb einer Kohlen-Station an der chinesischen Küste in Betracht ziehen sollte, die ihm als Stützpunkt für seine Flotte dienen würde, falls sie von einem plötzlichen Kriegs-Ausbruch in ostasiatischen Gewässern überrascht werden sollte, so ist dies noch kein Verlangen, das man von vornherein als unvernünftig hinstellen kann, so lange wenigstens bei seiner Erfüllung genügend Rücksicht auf britische Interessen und auf Vertragsrechte genommen wird." Chirol schrieb allerdings i. J. 1895, also vor der Zeit Eduards VII! England wünschte ursprünglich, daß die Kohlenstation im Süden sein sollte, und zwar war die Insel Quemoy an der Küste von Fukien dafür in Aussicht genommen, einmal weil wir damit die Interessenkreise der Japaner stören würden, die in jenen Gebieten von Formosa aus besondere Pläne verfolgten, und dann, weil England in diesem Falle sich die dicht bei Hongkong gelegene Mirs-Bai als „Entschädigung" aneignen wollte. Kiautschou war also dem englischen „arbiter gentium" zunächst unerwünscht, er beruhigte sich aber rasch, als er die Möglichkeit sah, daß die Besetzung zu Schwierigkeiten zwischen Deutschland und Rußland führen könnte. Rußland hatte nämlich in der Tat Kiautschou in seine großen Pläne mit einbezogen: seine Verpachtung als Flottenstützpunkt war in dem sogenannten Cassini-Abkommen mit vorgesehen, und sobald erst die Südspitze von Liaotung mit Port Arthur in seinen Besitz gelangt wäre, was durch die in dem gleichen Abkommen zugestandene Ausdehnung der sibirischen Bahn durch chinesisches Gebiet geschehen sollte, hätte die Besetzung von Kiautschou auf der gegenüberliegenden Seite den Eingang zum Golf von Petschili und damit den Schlüssel zu Nord-China in Rußlands Hände bringen müssen. So nahm in der Tat Rußland zu Englands Behagen eine Zeitlang eine drohende Haltung gegenüber der deutschen Besetzung an, die Schwierigkeiten wurden indessen daheim in kurzer Frist beigelegt, und England fand sich damit ab. Die wahre englische Auffassung aber fand in dem Schanghai-Organ ihren Ausdruck, das kurzer Hand erklärte, „Deutschland würde so lange in Kiautschou bleiben, wie England es gestatte". — Zunächst schien aber England die russische Gefahr größer als die deutsche. Als im Winter 1897/98 ein großer englischer Kreuzer vor dem Hafen von Port Arthur erschien, wurde er von den Russen ohne Umstände hinausgewiesen, und der tapfere Kommandant, der die Widerstandsfähigkeit seiner Regierung Rußland gegenüber richtig einschätzte, protestierte, aber gehorchte. Im März darauf wurde Port Arthur von den Russen besetzt. Unmittelbar danach, am 7. März 1898, telegraphierte Lord Salisbury an den englischen Gesandten in Peking, daß durch diese Besetzung eine Gefahr für den Golf von Petschili entstanden sei, und daß England deshalb das von den Japanern als Pfand für die Kriegsentschädigung besetzte Weïhaiweï erwerben müsse, das gegenüber an der Küste von Schantung, unweit von Kiautschou, gelegen ist. Am 24. Mai zogen die Japaner aus Weïhaiweï hinaus, am 25. die Engländer hinein. In dem Abkommen mit China war bestimmt worden, daß England so lange in Weïhaiweï bleiben würde, wie das gegenüberliegende Port Arthur in russischem Besitz sei. Nach dem Kriege mit Japan, i. J. 1905, mußte Port Arthur an Japan abgetreten werden, aber Weïhaiweï ist noch heute englisch. Dabei ist es von Wichtigkeit, festzustellen, daß i. J. 1898 die englische Regierung eine Gefahr darin sah, wenn Rußland eine Seite des Eingangs zum Golf von Petschili besetzte, daß sie aber i. J. 1914 offenbar keine Gefahr darin sieht, wenn Japan Port Arthur und Kiautschou, also beide Seiten des Eingangs in Besitz hat. China und die sämtlichen übrigen abendländischen Mächte dürften darüber anderer Meinung sein oder später werden.

Wenn wir heute auf jene Zeit vor 17 Jahren zurückblicken, so wissen wir — wer England kannte, wußte es allerdings schon damals, denn Englands Beifall bei deutschen politischen Maßnahmen hat schon Bismarck für ein in jedem Falle verdächtiges Symptom erklärt —, daß Englands Zustimmung zu unserer Festsetzung an der chinesischen Küste nur eine scheinbare war. Sie beruhte auf der Furcht vor der Ausdehnung der russischen Macht in Ost-Asien und auf der Hoffnung, Deutschland als Kämpfer gegen diese Macht zu gewinnen. Alles das änderte sich nun aber mit der Neu-Einstellung der englischen Politik unter Eduard VII. Schon im Jahre 1898 hatte Chamberlain bei dem damaligen japanischen Gesandten in London, Kato, demselben Manne, der jetzt als Minister des Auswärtigen die Hand zu dem Raubzuge gegen Kiautschou geboten hat, den Gedanken angeregt, ein englisch-japanisches Abkommen über die ostasiatischen Fragen, d. h. gegen Rußland abzuschließen. Durch die Aufzeichnungen des verstorbenen Grafen Hayaschi, des Nachfolgers von Kato in London, die uns leider nur zum Teil bekannt geworden sind, weil die japanische Regierung ihre weitere Veröffentlichung verboten hat, sind wir in die Lage versetzt, uns ein Bild von der Entstehungsgeschichte dieses Abkommens oder Bündnisses zu machen. Die Anregungen Chamberlains fanden im englischen Kabinett weitere Anhänger, und zwar sollte das Bündnis Japan, England und Deutschland umschließen. Japan allein schien zu schwach für die Zurückwerfung des damals noch weit überschätzten Rußland, Deutschland sollte deshalb gleichfalls mit in Dienst genommen werden. Der Gedanke fand in Japan einen fruchtbaren Boden, und im Jahre 1901 verdichtete er sich zu Verhandlungen zwischen Hayaschi und Lord Landsdowne. Von Deutschland wurde schließlich abgesehen, offenbar weil es ablehnte, sich für englische Interessen gegen Rußland einspannen zu lassen. Das Urteil muß indessen hier vorbehalten werden, da die japanischen Aufzeichnungen darüber nicht mehr vollständig sind. Japan schwankte eine Zeitlang den englischen Vorschlägen gegenüber: es fehlte dort nicht an hervorragenden Männern, die den Wert der englischen Freundschaft richtig einschätzten und einer Verständigung mit Rußland den Vorzug gaben. Schließlich entschied man sich aber doch für England, und im Januar 1902 wurde in London ein förmliches englisch-japanisches Bündnis für fünf Jahre abgeschlossen. In dem Kriege von 1904/05 gegen Rußland erfüllte Japan die Erwartungen, die der Auftraggeber an der Themse an das Bündnis geknüpft hatte, das, wie sich der damalige Unterstaatssekretär des Auswärtigen Amts für das Parlament höchst taktvoll ausdrückte, von England huldvoll „gewährt" worden war. Die Tätigkeit Englands während des Krieges bestand darin, in salbungsvollen, von Tugend triefenden Ergüssen den Japanern ihr Wohlverhalten zu bescheinigen, auf die Russen aber in der Presse eine wahre Schlammflut von Beschimpfungen und Verhöhnungen zu entfesseln, fast so übel, wenn auch nicht ganz so mit Lügen gespickt wie die, die heute auf uns hernieder rauscht, und endlich Deutschland, das ebenso reaktionär, ebenso gewalttätig und kulturell ebenso tiefstehend sei wie Rußland, den Japanern wegen angeblicher Neutralitätsbrüche und heimlicher Unterstützung Rußlands zu denunzieren. Als aber der Friede geschlossen war, der Japan keine Kriegsentschädigung brachte und daher die erste Ursache seiner Geldnot und finanziellen Abhängigkeit von England wurde, erklärte das tapfere Albion, daß der glückliche Verlauf des Krieges in erster Linie ihm zu danken sei, da es, wie immer, den Schild über die bedrohte Gerechtigkeit gehalten habe. Als Lohn forderte es sofortige Abänderung des Bündnisvertrages, den neuen Aufgaben entsprechend nachdem die erste befriedigend gelöst war. Schon bei den Verhandlungen 1901 hatte England verlangt, daß der Geltungs-Bereich des Bündnisses außer Ost-Asien auch Indien umfassen sollte. Japan hatte diese Forderung, die ungemein bezeichnend dafür ist, wie hoch England selbst seine Kräfte in seinem wichtigsten Kolonial-Lande bemißt, damals abgelehnt. Nunmehr wurde sie aber auf's neue erhoben. Noch ehe der Friedensvertrag von Portsmouth unterzeichnet war wurde in London im August 1905, zwei Jahre vor seinem Ablauf, der Bündnisvertrag auf 10 Jahre neu geschlossen, und zwar unter Einschluß Indiens und seiner nördlichen Grenzgebiete d. h. in erster Linie Afghanistans und Tibets. Die russische Macht in Ost-Asien war zurückgeworfen und für England ungefährlich geworden, aber in Mittel-Asien war der Ausgleich mit Rußland bisher noch nicht erfolgt, also war der japanische Dienstmann zunächst hier anzustellen. Inzwischen setzte nun aber die Einkreisungs-Politik Eduards VII. gegen das Deutsche Reich ein, und Rußland durfte als Glied der Kette nicht fehlen. Der Preis für die russische Willfährigkeit wurde zumeist in Mittel-Asien gezahlt, und die Begleichung der Rechnung fand ihren Ausdruck in der dritten Auflage des englisch-japanischen Bündnisses, das im Jahre 1911, also vier Jahre vor seinem Ablauf, und in dem nämlichen Jahre, wo England nach den Enthüllungen des Kapitäns Faber sich verpflichtet hatte, 100 000 Mann zur Unterstützung Frankreichs in Antwerpen zu landen, von unseren beiden besonderen Freunden, Herrn Grey und Herrn Kato, damals japanischem Botschafter in London, neu für zehn Jahre geschlossen wurde. In dieser neuen Fassung fehlt der Artikel über Indien und seine Grenzgebiete wieder, statt dessen findet sich nur in der Einleitung ein allgemeiner Hinweis auf „die Erhaltung der territorialen Rechte der hohen vertragschließenden Parteien in den Gebieten Ost-Asiens und Indiens." Der Stachel für die neue russische Freundschaft war also entfernt, und die halbamtliche „Nowoje Wremja" in Petersburg drückte im Juli ihre Zufriedenheit aus, daß nun „auf beiden Seiten kein Grund zu Feindseligkeiten mehr vorhanden sei."

Man hat damals mehrfach die Frage aufgeworfen, zu welchem Zwecke der englisch-japanische Vertrag überhaupt noch einmal bis zum Jahre 1921 verlängert worden sei, nachdem doch der englische Gegner, gegen den er sich richtete, in die Stellung gedrängt war, in die England ihn haben wollte, zumal sich Rußland und Japan durch die Abkommen von 1907 und 1910, selbstverständlich unter Zustimmung Englands, über ihre Ansprüche in der Mandschurei endgiltig geeinigt hatten. Die Erklärung ist jetzt nicht schwer. Wie die gesamte englische Politik auf dem ganzen Erdball, die uns während dieser Jahre oft so seltsam und widerspruchsvoll angemutet hat, lediglich auf das eine große Ziel, die Vernichtung Deutschlands, eingestellt war, so sollte auch das japanische Bündnis von 1911 nur diesem Zwecke dienen; es war nichts anderes als eine Masche in dem Netz, das Deutschland übergeworfen werden sollte. Seitdem sich die Brüsseler Aktenstücke und die Munitionslager von Maubeuge in unseren Händen befinden, besteht darüber völlige Klarheit, daß jedenfalls seit dem Jahre 1906, also bald nach Beendigung des russisch-japanischen Krieges, für die Politik Eduards VII. und seiner Vertrauten jenes Ziel das allein bestimmende Moment war. Und hätte man trotzdem hinsichtlich des so fern liegenden japanischen Bündnisses von 1911 einige Zweifel hegen können, so sind diese durch die Ereignisse in Ost-Asien während der letzten zwei Monate gründlich beseitigt. Seiner eigenen Erklärung zufolge hat Japan auf das Drängen Englands hin, das sich dabei auf den hier gar nicht in Frage kommenden Bündnis-Vertrag berief, an Deutschland in Form eines Ultimatums das Verlangen auf Herausgabe von Kiautschou gestellt, nachdem ein vorher von Deutschland ihm gemachter Vorschlag nicht beantwortet worden war, wonach das deutsche Geschwader in Ostasien sich feindseliger Handlungen in den ostasiatischen Gewässern enthalten sollte, falls Japan neutral bliebe. Japan hat offenbar auch Bedenken getragen, die Anwendbarkeit der Bestimmungen des Bündnisvertrages in dem deutsch-englischen Kriege anzuerkennen. Wie diese Bedenken in der bei England üblichen Art behoben wurden, das zeigt folgender Bericht über die entscheidende Sitzung des japanischen Ministerrats, der sich in der japanischen Zeitung „Niroku" vom 12. August findet: „Zwischen Japan und England ist eine Erweiterung des Bündnisses vereinbart worden, wodurch dem politischen ein finanzielles Bündnis hinzugefügt worden ist. Der Finanzminister, der im Rat des Kabinets und der älteren Staatsmänner bei den Reden der Minister des Äußern, des Krieges und der Marine ein langes Gesicht gemacht hatte, wurde plötzlich munter, als das zwischen Baron Kato und dem englischen Botschafter Greene vereinbarte Finanzbündnis zum Vorschein kam." Nun, wir kennen ja jetzt dieses „Finanzbündnis." 160 Millionen Dollar war der Judaslohn, für den Japan seine Ehre verkaufte und seinen deutschen Lehrer verriet. Für 160 Millionen Dollar war es bereit, Kiautschou wegzunehmen. Die japanische Armee ist eine Schülerin der deutschen, und nach ihrem früheren

Verhalten konnte man auf den Gedanken kommen, daß wenigstens ein Funken von dem Geiste auf sie übergesprungen sei, der das deutsche Heer beseelt. Sollte das der Fall sein, und sollte sich von dem alten Buschido noch ein kümmerlicher Rest erhalten haben, so nehme ich zur Ehre der japanischen Armee an, daß sie sich dieses Seeräuberzuges gegen Tsingtau schämt, und daß, wenn statt des Herrn Kato ein japanischer Offizier an der Spitze des Ministeriums gestanden hätte, er dem feigen Giftmischer von der Themse, der ihm den Schurkenstreich angesonnen, den Bündnisvertrag um die Ohren geschlagen haben würde. Das kläglichste an dem ganzen widerwärtigen Schauspiele ist, daß sich dieses Volk der Hinter-treppen-Politiker, das die Mehrzahl der Deutschen bis vor zwei Monaten noch für ein großes hielt, nicht einmal die Kraft zutraut, allein jenen einsamen deutschen Landzipfel mit einer Handvoll todesmutiger Männer auch nur anzugreifen, sondern daß es sich dazu erst die Dienste eines armen Schluckers kaufen mußte, der ärmer am Beutel, aber reicher an Mut und fast ebenso erbärmlich an Gesinnung war. Jetzt stürmen nun beide „Großmächte" vereint gegen Tsingtau an; es mag zweifelhaft bleiben, ob England auf einer Teilnahme bestand, um später dem bankerotten Japan die Beute für einen billigeren Preis wieder abpressen zu können, oder ob Japan die Teilnahme erzwang, damit der Spießgeselle wenigstens einen Teil der Schande und der blutigen Knochen mit übernähme. Die Wahl wird einem schwer zwischen den Erklärungen, denn dem Wesen des edlen Paares entsprechen sie beide.

Aber wir sind den Ereignissen vorausgeeilt, kehren wir noch einmal für kurze Zeit zum Anfang dieses Jahrhunderts zurück. Die fatale Zärtlichkeit, die uns England plötzlich im Jahre 1896 zeigte, als es sich in China auf sich allein gestellt sah, hat das alte Jahrhundert nicht überdauert. Schon bald nach den „Boxer"-Wirren begann der Geist Eduards VII. auch in Ost-Asien spürbar zu werden, besonders als sich herausstellte, daß Deutschland für englische Dienste gegen Rußland nicht zu haben war. Bis zum Jahre 1905 wurde die englische Politik im Fernen Osten wenigstens zum Teil noch mit durch das Bestreben bestimmt, die hochkommende russische Macht von der Küste zurückwerfen zu lassen, aber daneben steht schon eine ausgesprochen feindselige Haltung gegen die Stellung Deutschlands in China, das durch die bekannten Ereignisse von 1900 leider in die vorderste Reihe gedrängt war. Seitdem dann Rußland vorläufig ausgeschaltet war und Englands Wünschen entsprechend seine Eroberungspläne wieder mehr dem Westen zuwandte, fiel jede Ablenkung von ihrem eigentlichen Ziele für die englische Politik fort. Die ganze Tätigkeit des amtlichen und halbamtlichen Engländertums mit Bezug auf Deutschland bildete von 1901 ab eine kaum jemals unterbrochene Kette der infamsten Verdächtigungen, Verleumdungen, Verhöhnungen und Beschimpfungen alles Deutschen und aller deutschen Bestrebungen in China und Japan. (Der vorhin erwähnte Artikel der „Times" ist ein Beispiel davon.) In China waren es die Besetzung von Kiautschou und die angeblichen deutschen Anschläge auf Schantung, in Japan außerdem die Intervention von 1895, die den Kern des ganzen wüsten Treibens und eine unerschöpfliche Quelle für die gehässigen Einflüsterungen bildeten. Es ist ein weitverbreiteter Irrtum in Deutschland, zu glauben, nur die Intervention habe die deutschfeindliche Gesinnung in Japan hervorgerufen. Man würde Deutschland diesen Schritt nicht mehr nachgetragen haben als man ihn Frankreich und Rußland nachgetragen hat, das beweist schon (von allem anderen abgesehen) die Tatsache, daß Japan im Jahre 1898 durchaus bereit war, einen Bündnisvertrag mit Deutschland abzuschließen. Lediglich die englische Presse und die englische Diplomatie in Japan sind es gewesen, die unablässig Deutschland als den eigentlichen Anstifter des ganzes Aktes hingestellt und so die Volksstimmung in Japan durch ihre Einflüsterungen vergiftet haben. Den Chinesen aber wurden immer neue erlogene deutsche Pläne über Vergewaltigung Schantungs, zuweilen auch anderer chinesischer Gebietsteile hinterbracht, so daß namentlich das Süd-Chinesentum in einen fanatischen Deutschenhaß hineingehetzt wurde. Diese beständige Wühlarbeit, die durch eine feile Presse in englischer, chinesischer und japanischer Sprache betrieben wurde, hat uns das Weiterkommen in China, und zwar je länger, um so mehr, auf Schritt und Tritt erschwert. Bei jeder industriellen oder Eisenbahn-Konzession war mit dem von England erregten Widerstande zu kämpfen, der nicht etwa in kaufmännischen Gegenzügen bestand, sondern in hinterlistigen Verdächtigungen, die man in die chinesischen und japanischen Zeitungen brachte oder dem chinesischen Beamtentum in die Ohren blies. Diese Machenschaften nahmen zeitweilig einen derartigen Umfang an, namentlich auch im Hinblick auf die blühenden deutschen Handels-Unternehmungen in dem wichtigsten

Yangtse-Hafen Hankou, daß selbst in dem führenden englischen Blatte von Schanghai sich einmal eine warnende Stimme vernehmen ließ, die erklärte, „dieses ewige Herumhacken auf Deutschland sei würdelos; wenn man die Deutschen aus dem Yangse-Tal vertreiben wolle, so möge man dieselben Mittel dazu anwenden, mit denen sie hineingekommen seien, nämlich gesteigerten Fleiß, größeres Wissen und erhöhte Tüchtigkeit." Diese bessere Einsicht hat es aber nicht verhindert, daß, wie ich vorhin erwähnte, der von deutschen Unternehmern geplante Bau der Eisenbahn-Linie Hankou—Kanton nicht ausgeführt werden konnte, weil englischer Neid hier eine Verletzung vertragsmäßiger britischer Interessen vortäuschte. Seinen Höhepunkt erreichte dieses gehässige Intriguenspiel, als die British Engineers' Association, eine Vereinigung englischer Ingenieure mit führenden Männern der Technik, in Ost-Asien auf dem Plane erschien. Diese Organisation hatte sich als Hauptziel nicht etwa den Wettbewerb mit der deutschen Technik gesetzt, sondern ausgesprochenermaßen deren völlige Verdrängung vom Markte mit allen Mitteln. Das wichtigste dieser Mittel war die Zeitschrift des Vereins, »Eastern Engineering«, ein Schmutzblatt, das an unflätigen Gemeinheiten wohl alles übertraf, was bis dahin in Ost-Asien geleistet war, und das es auf diesem Gebiete getrost mit der Londoner „Times" aufnehmen konnte. Vor allem wurde das deutsche Kriegsmaterial von diesen vornehmen Sachkennern auf dem Papier zur Belehrung der Chinesen und Japaner bearbeitet: die hölzernen Kugeln und nicht krepierenden Geschosse, die von Deutschland der Türkei geliefert seien, wären von der gleichen Beschaffenheit, wie die deutschen Waffen und die Munition, deren Ankauf in China den Zusammenbruch der Kaiserlichen Armee gegenüber den (von Japan und England versorgten!) Revolutionären verschuldet habe. Leider hätte man den Deutschen gestattet, sich in Tsingtau festzusetzen und dort einen Mittelpunkt für ihren als „deutsche Krätze" (German blight) bekannten unehrlichen Handel zu schaffen usw. Ich bin mir nicht sicher, ob die Herren Ingenieure auch heute noch diese Ansicht über die deutsche Waffen-Technik haben; vielleicht wird sich ja aber im Laufe des Krieges noch eine Gelegenheit finden, ihnen die Wirkung unserer „Holzkugeln" etwas näher zu bringen! Weniger schmutzig, dafür aber um so giftiger waren die Pfeile, die gegen unsere Kultur-Arbeit in China geschleudert wurden. Die englischen Bestrebungen gingen — was ihnen gar nicht verdacht werden soll — darauf aus, die Völker Ost-Asiens mit englischem Geiste zu erfüllen, ihnen die Entwicklungen und Zustände in der politischen, sozialen und wissenschaftlichen Welt lediglich in englischem Lichte zu zeigen. Das geschah aber wiederum mit einer solchen Verachtung der Wahrheit und einer solchen Gehässigkeit gegen das in eigenem Lichte strahlende Deutschland, daß an ein friedliches Nebeneinanderarbeiten auch hier nicht zu denken war. In der anglo-chinesischen Literatur, mit der englische Gesellschaften das Land überschwemmten, und die den Chinesen ein Bild von Europa und europäischer Kultur geben sollte, erschien Deutschland entweder überhaupt nicht, oder als ein bedeutungsloses Anhängsel Englands, als ein Land mit einem armseligen, einer feineren Bildung baren Volke, von dem nichts anderes zu sagen war, als daß es den Chinesen Kiautschou weggenommen habe. Als man in Deutschland erkannte, daß man, wenn man den wirtschaftlichen Boden nicht unter den Füßen verlieren wollte, mehr tun müßte, um den Chinesen das deutsche Geistesleben zugänglich zu machen, da beeilten sich unsere edlen englischen Freunde, die chinesische Regierung zu warnen vor den infernalischen Plänen gegen die Selbständigkeit Chinas, die sich unter diesen neuen deutschen Unternehmungen versteckten. Bei den Verhandlungen über die Gründung der deutsch-chinesischen Hochschule in Tsingtau, die im Jahre 1908 wegen der Unterstützung durch die chinesische Regierung in Peking geführt wurden, ertönten diese Warnungen natürlich besonders laut, aber zum Glück wußten die chinesischen Minister überraschend gut, welcher Art die englischen Beweggründe waren. Schließlich hielt es aber doch der edle Lord William Gascoyne-Cecil, ein Sohn Lord Salisbury's, für seine fromme Pflicht, in einem Briefe an die „Times" im Jahre 1910 auf „das entsetzliche Gift des festländischen Materialismus" hinzuweisen, das von solchen Lehranstalten auf die bedauernswerten Chinesen überströme, und gegen dessen Wirkungen nur die englische Sittenreinheit Hilfe bringen könne. Das paßt gut zu einem anderen Briefe an die „Times" vom vorigen Monat, in dem wir belehrt werden, daß dieser Krieg auch ein Kampf für die überlegene religiöse russische Kultur Tolstoi's gegen die rohe, gottlose deutsche Kultur Nietzsche's sei!

Aber schließen wir dieses Kapitel über die Methoden britischer „Staatskunst" in Ost-Asien. Es lehrt uns schließlich nichts anderes, als was wir aus jedem Abschnitte der politischen Geschichte Englands entnehmen können, an welchem Teile der Erde wir auch unsere Beobachtungen vornehmen mögen. Der Gedanke, der dem angemaßten britischen Welt-Imperium zu Grunde liegt, ist kein neuer, wir finden ihn immer wieder in der Geschichte vertreten, von den Römern im Westen bis zu den Chinesen im Osten; noch jedesmal aber hat er sich als eine Unmöglichkeit erwiesen. „Oberherrschaft zur See" hat ihn die englische Phraseologie benannt, d. h. England leitet in letzter Linie die Geschicke der Völker, es bestimmt, ob und bis zu welchem Grade sich ein Volk außerhalb seiner Staatsgrenzen betätigen darf, dabei gilt der Fundamental-Satz, daß solche Betätigung niemals englischen Interessen lästig werden darf. Wie solche „Interessen" geschaffen werden, haben wir vorhin gesehen. Ob, wann und wie dies geschieht, entscheidet England, und zwar kann einem Volke die gleiche Betätigung unter gewissen Umständen erlaubt, unter anderen verboten werden, je nach dem englischen Ausmaß der Zweckdienlichkeit: Balance of power, „Gleichgewicht der Kräfte" nennt dies das politische Vokabularium der Engländer. Wie auf einem Schachbrett die Figuren, so werden hiernach die Völker von England herumgeschoben, nach Gesichtspunkten, die es allein bestimmt. Ist eine derartige mittelalterliche Staatsauffassung im 20. Jahrhundert, dem Zeitalter der überwundenen Entfernungen und des Welthandelsverkehrs, mit dem Wesen der modernen Staaten an sich schon unvereinbar, so wird sie zur Unsittlichkeit einmal durch die Form, in der sie von England der Welt vorgetäuscht wird, und dann durch die Mittel, die zu ihrer Aufrechthaltung verwendet werden. Um das Unsinnige seiner Ansprüche zu verdecken, hat England seiner „Oberherrschaft zur See" den Mantel sittlicher Verpflichtungen umgehängt. Es gebärdet sich wie der Träger einer sittlichen Weltordnung („policeman of the world!"), nach der es über der Gerechtigkeit, der Freiheit und der Zivilisation zu wachen hat und die Völker je nach ihrem Verhalten lobt, tadelt, straft. Welches unglaubliche Maß von Heuchelei, von Pharisäertum, von grotesker Überhebung dabei zu Tage tritt, das erleben wir ja jetzt fast täglich. Der sittliche Maßstab, mit dem England in Wirklichkeit mißt, ist lediglich der Nutzen: was England zum Vorteil dient, ist sittlich gut, was ihm Schaden bringen könnte, sittlich schlecht. In der jeweiligen Formulierung dieses Kernsatzes ist die britische Staatskunst unerreicht. Was man aber unter Nutzen in England versteht, das verrät der berühmte Aufsatz der „Saturday Review" von 1897 mit dem Schlußsatze des „Germaniam esse delendam". „Wenn Deutschland morgen aus der Welt vertilgt würde", so heißt es da, „so gäbe es übermorgen keinen Engländer in der Welt, der nicht um so reicher sein würde". Das ist das wahre Leitmotiv der englischen Weltpolitik: die Erraffung von Reichtümern und Macht, die Niederhaltung aller anderen Völker, die Unterbindung ihrer Entwicklung, die Zerstörung ihres Wohlstandes, sobald er eine gewisse Grenze überschreitet. Und das ganze wird umkleidet mit einer schimmernden Hülle tugendsamer Phrasen von Gerechtigkeit, Fortschritt, Freiheit usw., durch die sich die Welt nur allzu oft und allzu lange hat täuschen lassen. Der Weg, auf dem die englische Macht durch die Geschichte geschritten ist, wird bezeichnet durch gebrochene Versprechen, durch erlogene Scheingründe, durch brutale Unterdrückung der Schwächeren, durch zertretenes Volkstum, durch zertrümmerte Staaten. Aber neben jeder Gewalttat, jeder Infamie steht mit frommem Augen-Aufschlag der Pharisäer und leiert seinen Psalter der Tugend ab. So erklärt sich auch das blöde Gefasel von dem „Kampf gegen den deutschen Militarismus", das wir heute als Begleit-Melodie für die englischen Schandtaten vernehmen. Und welche Mittel sind es, die der englischen Staatsleitung zu Gebote stehen, um ihre Welt-Interessen zu sichern und fremde Dränger fernzuhalten? Wer es bisher nicht wußte, der wird es in den letzten Monaten erkannt haben, daß die realen Machtmittel Englands längst nicht mehr ausreichen, um seine Ansprüche durchzusetzen. „Von jeher ist es die englische Politik gewesen," sagte vor einigen Tagen der Staatssekretär des Auswärtigen Amts, „die Völker des Kontinents gegen einander aufzureizen, um selbst ungestört die Welt beherrschen zu können." Das ist in der Tat der Grundstein, auf dem die englische Macht beruht. Uneinigkeit der Festlandsvölker, auf englisch: balance of power! Um dieses Lebens-Element dauernd zu sichern, bedarf es jenes Riesen-Systems von Lügen, Verleumdungen, Verhetzungen und Zwischenträgereien, das England mit Hilfe einer gut dressierten Presse, eines für jede Schurkerei käuflichen Telegraphen-Bureaus und einer internationalen Gesellschaft von hoch bezahlten Preß-Banditen (leider sind ja auch Mitglieder von deutscher Abstammung dabei) seit langen Jahren eingerichtet hat und wirksam macht. Mit diesem Apparate werden die europäischen Nationen in dauernder Gereiztheit gehalten, und mit seiner Hilfe ist auch die Verschwörung zur Zertrümmerung des zu hoch entwickelten und zu selbständig werdenden Deutschen Reiches Jahre hindurch vorbereitet worden. Zu diesem bösartigen Intriguantentum kommt als Ergänzung eine oft kindisch anmutende Großmäuligkeit, die lediglich darauf ausgeht, den naiven Zuschauern Sand in die Augen zu streuen. Wenn Herr Kitchener von einem Heere von 500000 Mann redet, die dann nach wenigen Tagen zu einer Million anschwellen, demnächst vielleicht zu 2 oder 10 Millionen anwachsen, oder wenn Churchill und Lloyd George, diese beiden unausstehlichsten Schwätzer unter den ministeriellen Maulhelden, die Länge des Krieges auf 20 Jahre schätzen, so erinnert das an jene früheren chinesischen Truppen-Abteilungen, die sich gemalte Tigerfelle umhängten, den Gong schlugen und fürchterliche Fratzen schnitten, um so den erschreckten Feind in die Flucht zu treiben. Ob aber die gemalten Tigerfelle des Herrn Kitchener, oder der Gong des Herrn Churchill oder die Fratzen von Lloyd George noch irgend welchen Eindruck in der Welt machen, ist doch sehr zweifelhaft. Daß England allein weder uns, noch eine andere Großmacht zu überwältigen im Stande ist, darüber ist es sich völlig klar, es hat von jeher nur viel schwächeren Völkern gegenüber den Mut besessen, sich auf seine eigene Kraft zu verlassen. Den starken Gegner bekämpft es mit jenen anderen, papiernen Mitteln, die es zur Erhaltung seiner Weltstellung meisterhaft zu handhaben gelernt hat. Sie aber sind es eben, zusammen mit der abstoßenden Heuchelei, die das englische Staatswesen mit dem Makel der Unsittlichkeit brandmarken.

Seit mehr als einem Jahrzehnt ist die ganze Maschinerie der britischen Staatsleitung, deren Wirkungsart wir an Beispielen aus Ost-Asien im einzelnen beobachtet haben, gegen das Deutsche Reich eingestellt. In jedem Lande der Welt ist von dem englisch-französisch-russischen Verbande der Ehrabschneider gegen unser Ansehen und unseren ehrlichen Namen gewühlt worden, und die Unbeliebtheit, das Mißtrauen, denen wir überall, auch bei ganz unbeteiligten Völkern begegnen, sie haben nahezu ausschließlich hier ihre Ursache. Arglos haben wir dieses Treiben für das unschädliche Werk einzelner Toren gehalten, aber in Wahrheit war es ein wichtiger Teil des Riesenplanes, der uns das Dasein unmöglich machen sollte. „Wenn sich einst die Archive öffnen", so sagte kürzlich der Reichskanzler, „dann wird die Welt erfahren, wie oft wir England die Freundeshand dargeboten haben." Wieder und wieder haben wir uns von heuchlerischen Phrasen betören lassen, und die nämlichen Erben Eduards VII., die uns beständig ihre Freundschaft und ihre Friedensliebe versicherten, trafen während dessen alle Vorbereitungen, um den Vertrauensseligen hohnlachend in den Abgrund zu stoßen. So fassungslos war man in Deutschland über den Verrat, so fest hing das Herz noch an dem idealen Bilde von England, an das man sich zu glauben gewöhnt hatte, daß man sich mit dem Gedanken tröstete, es sei nur das neue, heruntergekommene England, das dieser Tat fähig geworden sei, das England von ehemals stände reiner da. Ich fürchte, daß uns die Wahrheitskünderin Geschichte auch diesen Trost nicht lassen wird. Das England, an das wir geglaubt haben, suchen wir vergeblich in der Geschichte; das unmaskierte England war niemals anders als es sich uns heute zeigt. In der Anweisung, die im Jahre 1776 der Vertreter von Neu-England für die Unabhängigkeits-Erklärung der nordamerikanischen Kolonien erhielt, hieß es: „Wir haben das englische Volk so alles Gefühls der Tugend und der Ehre bar erkannt, daß es die dringendsten und flehendsten Aufforderungen an seine Gerechtigkeitsliebe mit Unempfindlichkeit und Gleichgiltigkeit anhört. Jede barbarische Nation, die es hat gewinnen können, ist aufgefordert worden, als Werkzeug der Unterdrückung seine Pläne ausführen zu helfen." Könnte das nicht ebenso gut im Jahre 1914 geschrieben sein? England hat im deutschen Volke, und nirgends mehr als in Hamburg, über ein gewaltiges Kapital von ehrlichem Vertrauen, von Freundschaft und Bewunderung verfügt; es hat diesen Besitz für wertlos gehalten, es hat ihn fortgeworfen, um dem lästigen Konkurrenten den Dolch in's Herz zu stoßen. Der leidenschaftliche Haß, der nun unser Volk durchglüht, wird mit dem Kriege nicht erlöschen. Wenn wir einst hindurch sind durch diese Ströme von Blut, durch dieses Meer des Grausens und Entsetzens, dann mögen politische und geschäftliche Verbindungen wieder neu sich bilden, aber der warme Hauch persönlicher Freundschaft von ehemals wird nicht zurückkehren. Mir wenigstens — und in diesem Empfinden weiß ich mich eins mit Millionen meiner Volksgenossen — würde es wie ein Unrecht gegen unser mißhandeltes Vaterland erscheinen, dem heute mehr als sonst noch jede Faser unseres Seins gehört, wenn den Angehörigen jenes Volkes wieder wärmere menschliche Anteilnahme entgegengebracht würde, von dessen abgrundtiefer Falschheit wir uns heute mit Schaudern abwenden. Mögen unsere Söhne und Enkel einst versuchen, das zerstörte wieder aufzubauen, vielleicht ist dann auch drüben ein neues Geschlecht emporgewachsen, das sich seiner Väter schämt und ihre Untaten verflucht. Uns ziemt es, an anderes zu denken, das uns das Schwert erwerben soll. Wir wollen keine Vormundschaft einer herrschsüchtigen Macht, die sich anmaßt, die Geschicke der Völker zu leiten; wir wollen nicht, daß man uns die Wege vorschreibt, die wir zu gehen haben, daß man uns ankeift und ankläfft bei jedem Schritte, den wir in fremdem Lande tun, und daß man habgierig uns die Früchte unserer Arbeit entreißt oder verdirbt; wir wollen nicht, daß uns unsere Eigenart und unsere Kultur verhöhnt und verlästert wird von einem Volke, das zu unwissend ist, um sie zu begreifen; wir wollen diese Kultur ungehindert entwickeln und verbreiten und am Fortschritte der Menschheit mitarbeiten, wie wir es für richtig halten; wir wollen nicht eine Schachfigur im Dienste eines gewinnsüchtigen Spielers sein, sondern wir wollen Art und Umkreis unseres Wirkens selbst bestimmen, wir wollen wir selbst, wir wollen frei sein.

„O, Herr, mach uns frei!"

FSC
www.fsc.org
MIX
Papier | Fördert
gute Waldnutzung
FSC® C083411

Zeitfracht Medien GmbH
Ferdinand-Jühlke-Straße 7
99095 Erfurt, Deutschland
produktsicherheit@kolibri360.de